服装设计效果图是服装在人体穿着后的设想效果，是对服装设计较为具体的预示，表现设计者所创作的服装穿着的总体效果。它将设计者设计的服装款式准确、生动地描绘，供服装厂商和打板技师参阅。服装效果图应与成衣效果基本一致，服装设计效果图对于服装的结构、比例及工艺要点等方面要求详细，需准确把握。

本书从服装效果图基础入手，总结简单易学、能够快速掌握的效果图表现技法，以手绘方式，图文并茂、分步骤地详细讲解服装效果图的绘制方法。

发型是服装整体设计的一部分，适宜的发型可增强服装的感染力。画头发应先分析发型的结构特征，有选择地进行组织，根据头发的软硬曲直，用线顺着发丝的走向刻画，用线切记不要使用平行线和交叉线。

一、绘制服装效果图的工具与材料

水粉、水彩、马克笔、油画棒、针管笔、毛笔（叶筋笔、狼毫笔）、扁笔、彩色铅笔、铅笔、水彩纸（康颂）、水粉纸。

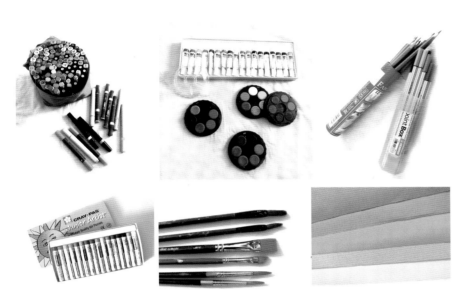

二、五官及头部表现

服装设计效果图中五官和头部的表现要注意简化、美化，用概括和提炼的手法描绘头部的结构，准确地描绘五官在脸部的位置、比例，运用夸张的手法刻画眼睛、睫毛，弱化鼻子、嘴和耳朵。效果图中应避免画透视太大的角度，正面或半侧面比较容易掌握。

三、人体比例和动势

服装设计效果图的人体比例一般采用 9 头身的比例为标准，以取得优美的形态感，充分展示服装的款式和骨感，但在设计中由于款式的不同，在比例上要有一定的灵活性，如画礼服时强调艺术性和创造性，可以适当夸张到 10 ~ 11 个头长。

人体的动势以站立为主，动势不宜过度夸张，姿态生动准确即可，强调人体的 S 形曲线形态。服装设计效果图的构图可以单独一人，也可以多人形成一个系列，具体情况视服装款式而定。

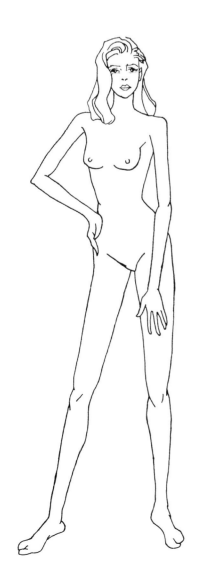

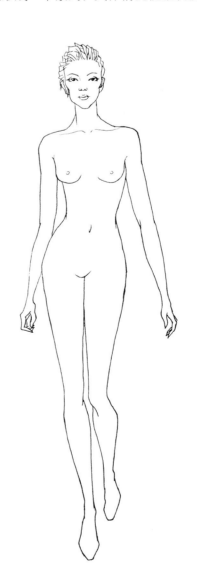

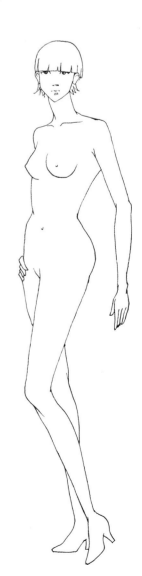

四、手绘步骤图解析

步骤图解析 1

准备工具：水粉、铅笔、毛笔、针管笔、纸张。

步骤一：先用铅笔准确地画出人体动势和服装的款式，衣纹线和结构线的处理要有区分，服装的外轮廓线要清晰，对服装的细节及配饰部分要详细刻画。

步骤二：将皮肤色均匀地平铺在脸、脖子、手和腿部；用黑色+水调和画出头发颜色；用橘红+黑色+水调和画出风衣外套的固有色；用中绿+土黄+水调和后画出打底连衣裙颜色；用土黄+橘黄+水调和画出靴子颜色。

步骤三：待底色干后，皮肤色+熟褐+水调和后画出皮肤的暗部；用赭石+熟褐+黑色（少量）+水调和勾画出眼睛、眼眉，用深红色画出上嘴唇颜色；用大红+朱红画出下嘴唇颜色。用更深一个层次的颜色分别画出外套、连衣裙和靴子的暗部，黑色+水调和刻画配件。

步骤四：刻画出款式及配饰的细节，用白色提亮高光，黑色针管笔勾线完成。

步骤一

> **小贴士：**
>
> 服装效果图的基本配色方法
> a. 皮肤色：白色+大红色+柠檬黄+赭石（少量）+水调和。
> b. 皮肤暗部颜色：皮肤色+赭石+熟褐（少量）+水调和。
> c. 头发颜色：赭石+熟褐+水调和。
> d. 头发暗部颜色：赭石+熟褐+黑（少量）+水调和。
> e. 嘴唇颜色：上嘴唇颜色深，下嘴唇颜色浅，下嘴唇用白色提亮高光。嘴唇上色要认真仔细，注意不要画到嘴唇轮廓线外边。

步骤二

步骤三

步骤四

步骤一

步骤图解析 2

准备工具：水粉、铅笔、毛笔、针管笔、纸张。

步骤一：先用铅笔起稿，准确画出人物动势及服装的款式，细致刻画细节，画面保持干净。

步骤二：在脸部和脖子上画皮肤色，用赭石+熟褐+水调和画出头发颜色；用紫罗兰+湖蓝+水调和画出长外套的固有色；用粉绿色、群青色分别+水调和画出披肩的明暗关系；用黑色+水调和画出手套和靴子颜色；用熟褐+水调和画出包包的明暗透视。

步骤三：待底色干后，用皮肤色+熟褐（少量）+水调和画出皮肤的暗部；用赭石+熟褐+黑色+水调和仔细勾画出眼睛、眼眉，用朱红+水调和画出嘴唇颜色；用更深一个层次的颜色分别画出长外套、披肩和靴子的暗部，刻画格子图案和配件。

步骤四：用白色+少量水提亮高光，针管笔勾画服装的细节及轮廓线。

小贴士：

条格面料的表现技法

先用浅色平涂一遍底色，然后用深一个层次的颜色画出横、竖的条纹，再用更深的颜色画出条纹交叉处的方块，最后强调服装的整体明暗，注意人体活动及面料相互折压所形成的纹样扭曲和变形。

步骤二

步骤三

步骤四

步骤图解析 3

准备工具：水彩、铅笔、毛笔、针管笔、纸张。

步骤一：确定服装款式的设计后，用清晰流畅的线条勾画出人体与服装，注意服装的结构和服装褶皱的关系、面料质感与线条之间的关系。

步骤二：上肤色、头发和服装基础颜色，适当留白。注意服装颜色应使用较浅的基本色，根据服装的结构和褶皱适当留出亮部。

步骤三：用较深的皮肤色加重脸、手臂、腿上颜色，面部五官进一步深入细画；用深色加深头发和衣褶的色调，用浅色调画出衬衫的图案。

步骤四：用基础颜色画出皮肤、头发、服装明暗的中间色，用较重的色勾画出暗部、阴影、转折，适当提亮高光增加画面气氛。

小贴士：

a. 起稿比例协调、线条流畅、细节绘制精准。

b. 服装上的明线和褶皱应随人体的动作和服装的结构进行处理，注意面料质感与线条之间的关系。

c. 浅色印花面料应注意先绘制出印花图案，在图案的基础上区分明暗关系。

步骤一

步骤二

步骤三

步骤四

步骤一

步骤图解析 4

准备工具：水粉、铅笔、毛笔、针管笔、纸张。

步骤一：先用铅笔画出人物动势及着装。人体比例协调、动势准确，服装款式绘制清晰，细节绘制精准。

步骤二：将皮肤色均匀地平铺在脸、脖子和手臂上，用赭石＋熟褐＋水调和画出头发颜色；用土黄＋赭石＋白色＋水调和后画出上衣外套的固有色；用中绿＋土黄＋水调和后画出裤子的固有色；用土黄＋橘黄＋水调和后画包包颜色；用黑色＋水调和画出鞋子颜色。

步骤三：待底色完全干透，用皮肤色＋熟褐＋少量水调和后画出皮肤的暗部；用赭石＋熟褐＋黑色＋少量水调和勾画出眼睛、眼眉，用深红色画出上嘴唇颜色，用大红＋朱红画出下嘴唇颜色；用更深一个层次的颜色分别画出头发、外套、裤子和鞋子的暗部，刻画配件的明暗关系。

步骤四：进一步加深外套和裤子的暗部，画出服装款式及配件的细节，提亮高光，毛笔勾线完成。

小贴士：

水粉写实的表现手法

着色时先将水粉颜料按服装所需要的面积调准，在水分干湿适中的情况下一次性将服装的固有色画出，画面色彩要平整，用笔要肯定，自上而下，笔不间断。局部细节和暗部在大块色彩干后再进行加深和描绘，不要全部覆盖底色。

步骤二

步骤三

步骤四

步骤一

步骤二

步骤图解析 5

准备工具：水彩、铅笔、毛笔、针管笔、纸张。

步骤一：经过对画面以及服装的设计后，用清晰流畅的线条勾画出人体与服装，注意服装的结构和服装褶皱的关系及面料质感与线条之间的关系。

步骤二：上肤色、头发和服装基础颜色，适当留白。注意服装颜色应使用较浅的基本色，根据服装的结构和褶皱适当留出亮部。

步骤三

步骤四

步骤三：用较深的皮肤色加重脸、手臂、腿上颜色，面部五官进一步深入细画；用深色加深头发和衣褶的色调。

步骤四：用基础颜色画出皮肤、头发、服装明暗的中间色，用较重的色勾画出暗部、阴影、转折，适当提亮高光增加画面气氛。

小贴士：

a. 起稿比例协调、线条流畅、细节绘制精准。

b. 服装上的明线和褶皱应随人体的动作和服装的结构进行处理，注意面料质感与线条之间的关系。

c. 处理装饰褶皱花边是个复杂的过程，花边转折结构要连贯流畅，还要考虑人体的走向，上颜色时注意明暗关系的取舍。

步骤图解析 6

准备工具：马克笔、铅笔、毛笔、针管笔、纸张。

步骤一：确定好服装款式，用清晰流畅的线条勾画出人体与服装，注意服装的结构和服装褶皱的关系。随着人体姿势的变化画出格子的图案。

步骤二：上肤色、头发和服装基础颜色，适当留白。注意服装颜色应使用基本色，根据服装的结构和褶皱适当留出亮部。画出格子面料上的条纹色彩。

步骤三：用较深的颜色加重脸、手臂、腿上肤色，面部五官进一步深入刻画。加深头发和衣褶的色调，在格子彩色条纹的基础上画出底色。

步骤四：用基础颜色画出皮肤、头发、服装明暗的中间色，用较重的色勾画出暗部、阴影、转折，适当提亮高光增加画面气氛。用黑色针管笔勾画出暗部的轮廓。

小贴士：

a. 起稿比例协调、线条流畅、细节绘制精准。格子面料的图案应精准勾画。

b. 注意马克笔与针管笔的结合与应用。

步骤一

步骤二   步骤三   步骤四

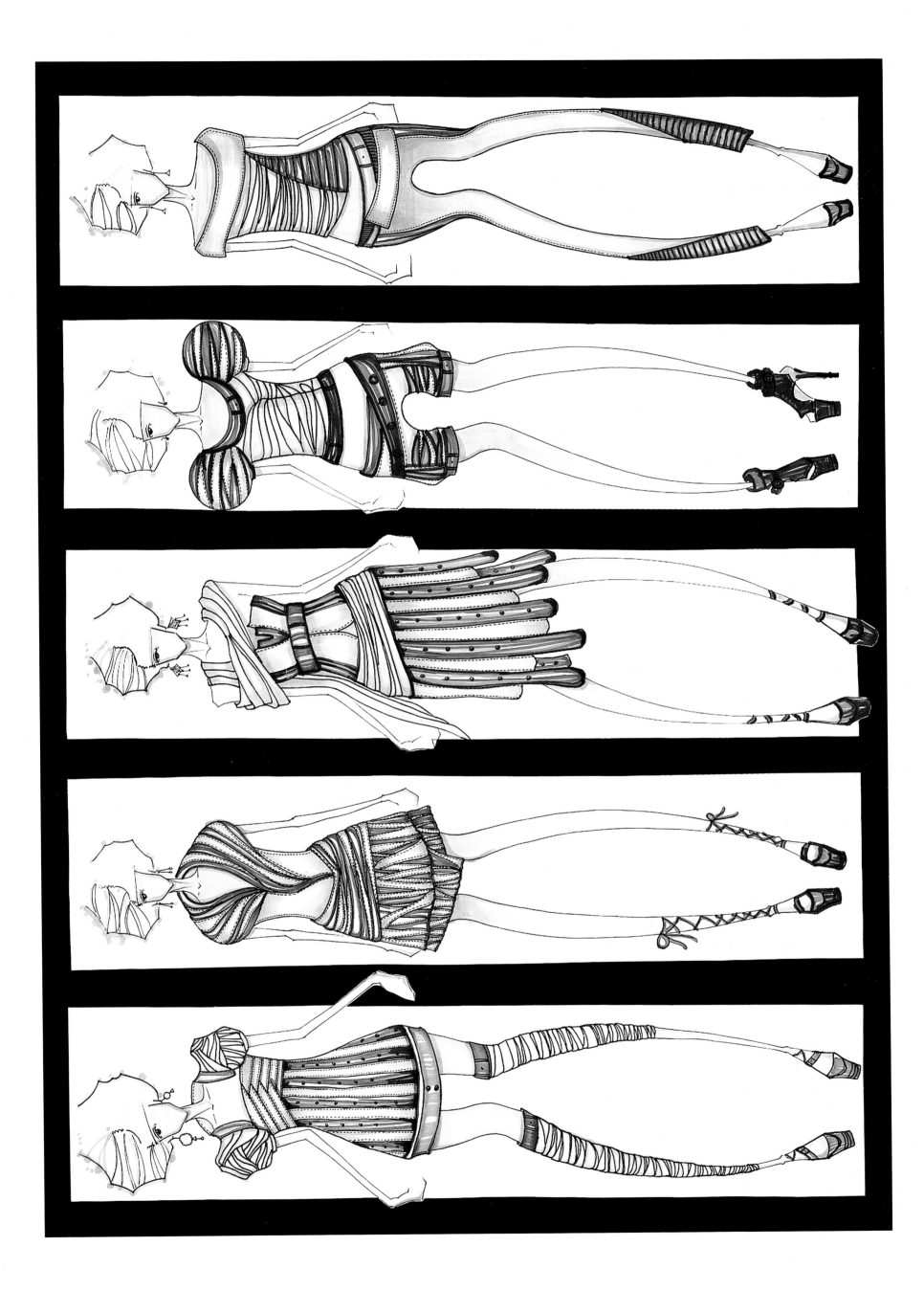

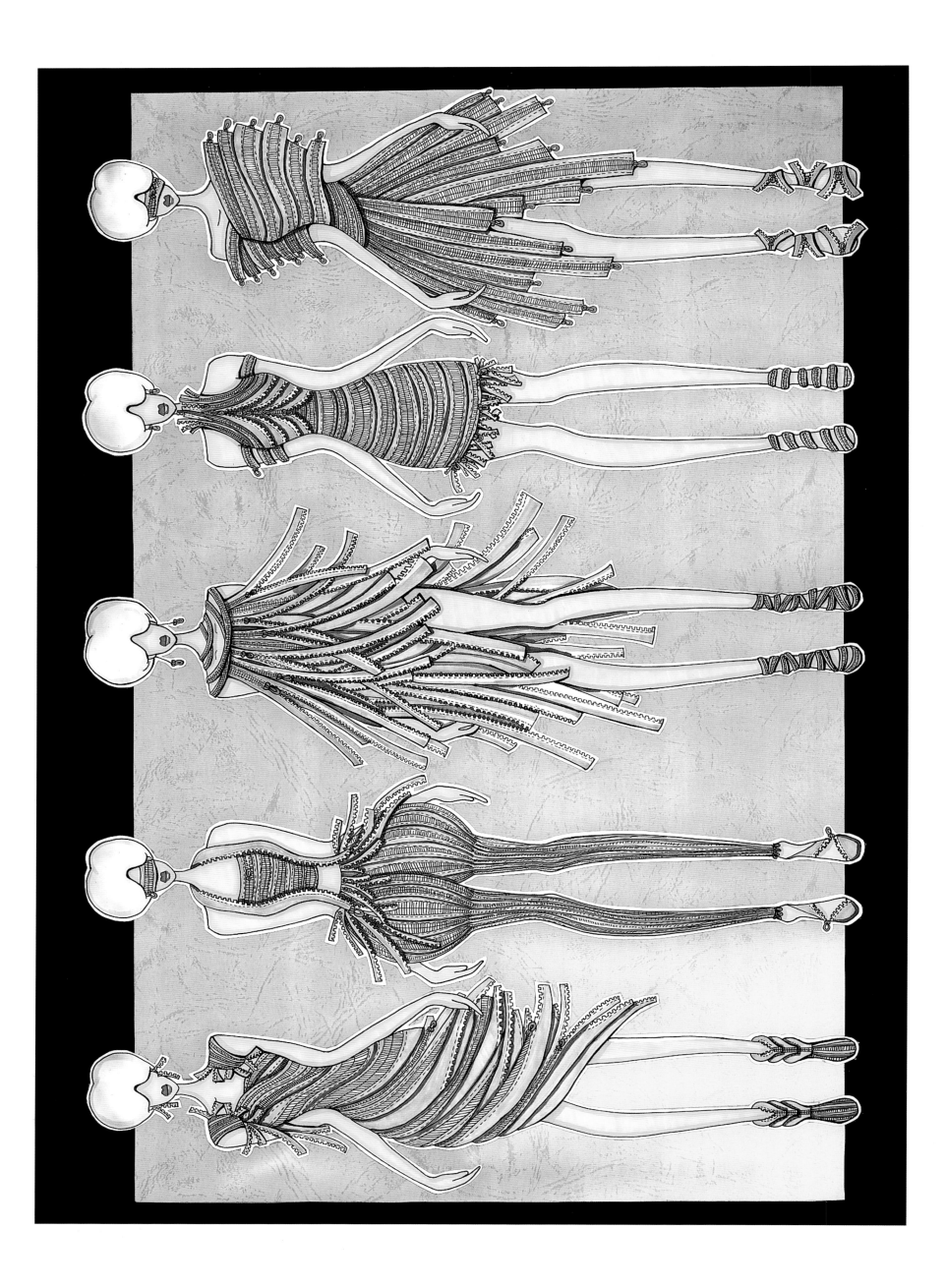

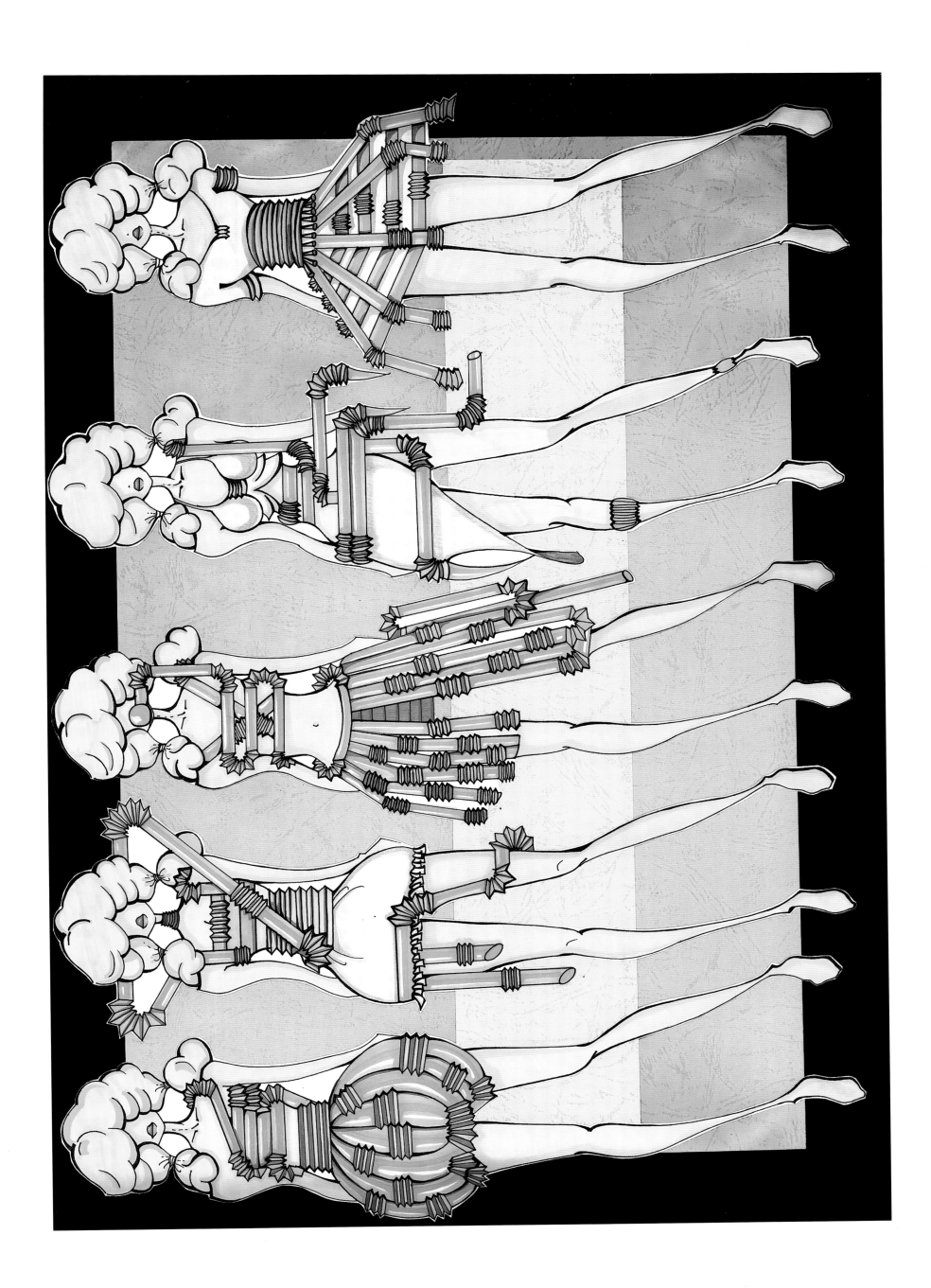

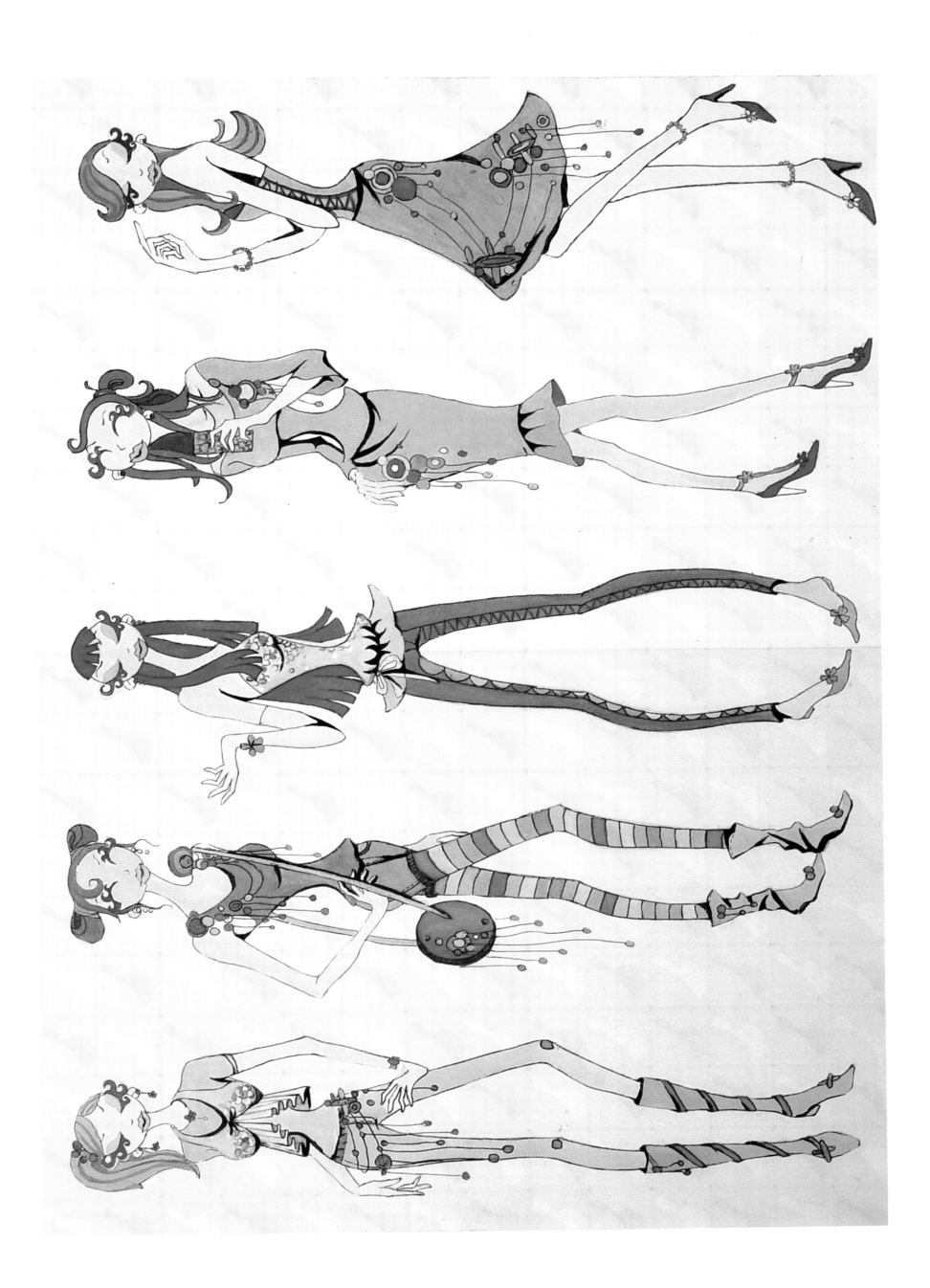

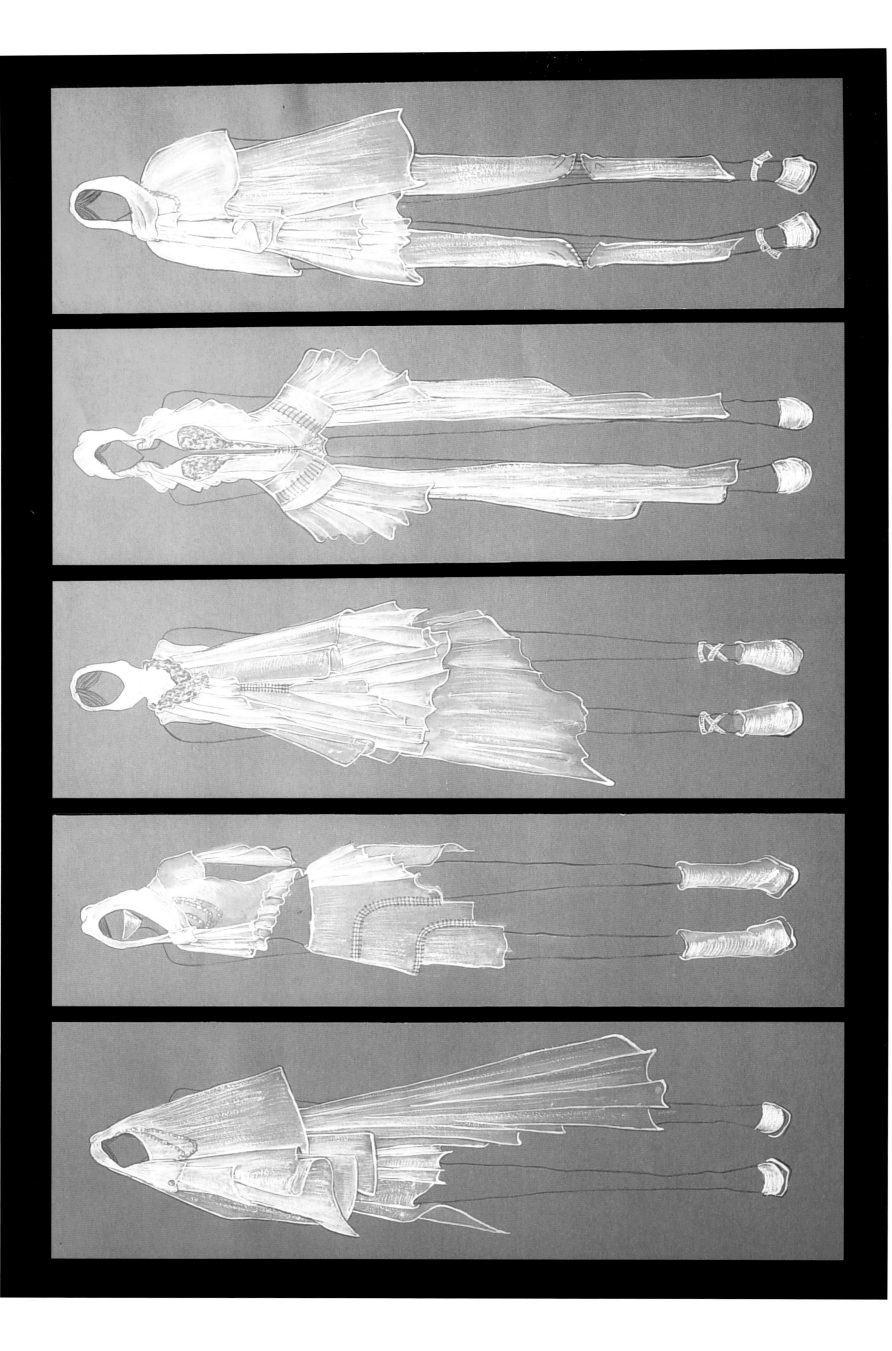

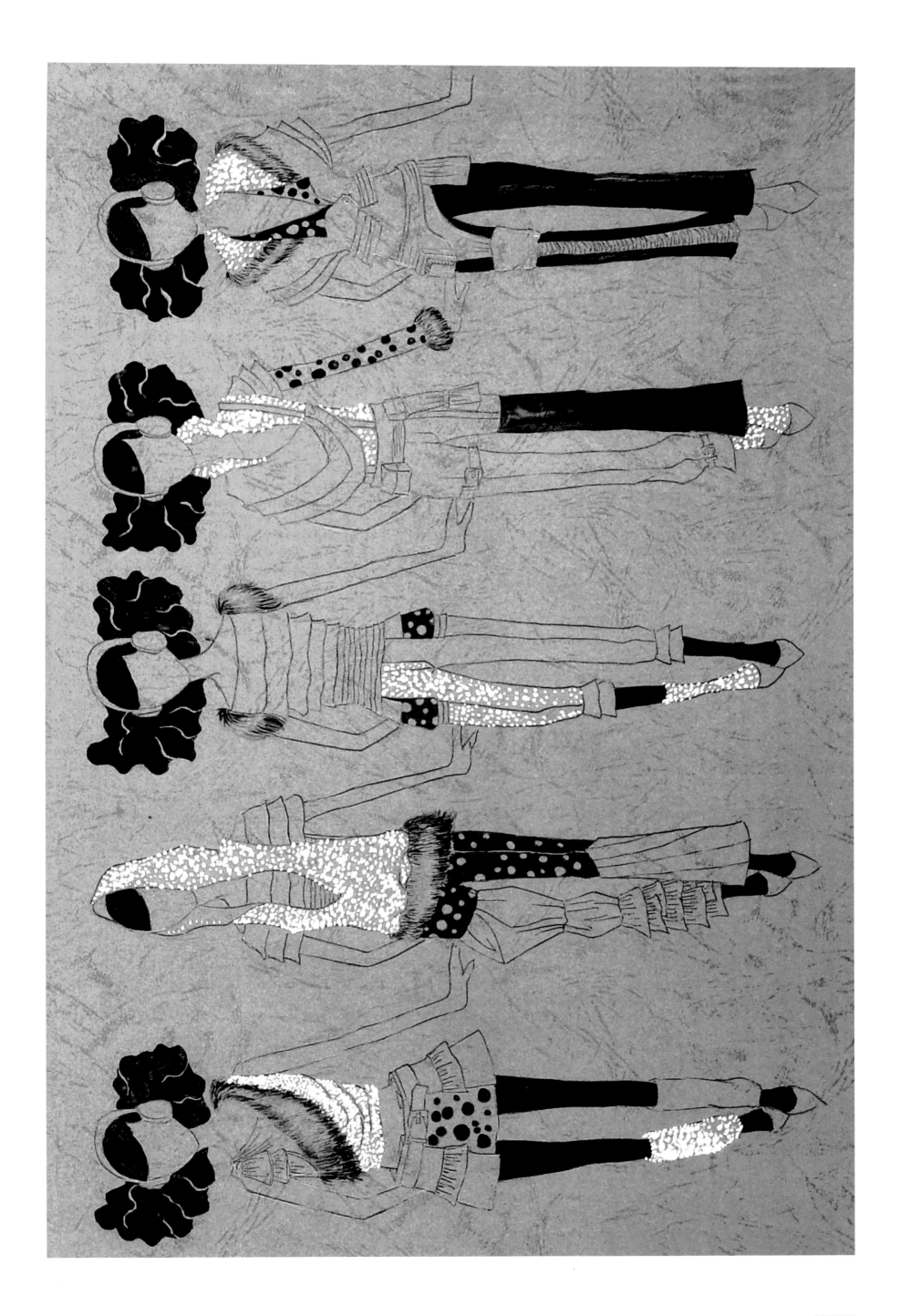